AF452346

Le Chanvre

Le Chanvre

Culture
Rouissage, Broyage et Teillage

PAR

P.-F. LÉVÊQUE

INGÉNIEUR AGRICOLE
DIRECTEUR DES SERVICES AGRICOLES DE LA SARTHE

PARIS

LIBRAIRIE AGRICOLE DE LA MAISON RUSTIQUE

(Librairie de l'Académie d'Agriculture)

26, RUE JACOB, 26

PRÉFACE

La culture du chanvre.

Plus que jamais, l'agriculture doit réclamer d'être traitée, au point de vue de la protection douanière, sur le même pied que l'industrie. C'est pour elle une question de vie ou de mort.

On l'a bien vu avec les textiles. Sacrifiée complètement à l'industrie, privée de tout droit de douane, l'agriculture n'a pu, à l'aide de primes parfaitement inopérantes, conserver à ses cultures leur importance d'autrefois. La statistique montre qu'à 80 ans de distance, le chanvre, pour sa part, n'occupe plus que le trentième des surfaces du siècle dernier.

Et c'est précisément au moment où le pays devrait tirer de son sol tout ce qui est nécessaire à ses besoins, que l'industrie est obligée de faire venir à grands frais de l'étranger les matières premières dont une sage protection aurait pu conserver la production en France. Notre change n'en souffre que trop.

Mais l'excès du mal contribue à rendre plus rémunératrices les quelques cultures qui ont pu subsister dans certaines régions privilégiées. Les cours des textiles et de leurs graines accusent aujourd'hui, par rapport à l'avant-guerre, des coefficients de majoration de 8 à 10, c'est-à-dire près de deux fois plus élevés que les coefficients applicables aux frais de culture.

Dans ces conditions et avec de bonnes récoltes

moyennes, les bénéfices laissés par ces cultures spéciales atteignent des taux que ne connaissent guère les autres cultures.

Le fait n'a pas manqué de retenir l'attention des agriculteurs. Aussi, dans maintes régions où les textiles ont complètement disparu depuis plusieurs générations, est-il question de réintroduire leur culture.

Malheureusement, des déboires sont à craindre avec ces plantes qui, entre des mains expertes et dans des conditions de milieu et de culture favorables, se montrent actuellement si rémunératrices. Il n'en est guère de plus capricieuses et dont les résultats soient davantage à la merci d'une erreur culturale.

La présente étude sur le chanvre vient donc bien à son heure. Plus que tout autre, l'agriculteur sarthois a conservé le goût de la précieuse plante textile et il prodigue à sa culture les mille soins qu'exige sa parfaite réussite. Nul ne se trouvait ainsi plus indiqué que le très actif et très dévoué Directeur des Services Agricoles de la Sarthe, si intimement mêlé à la vie des agriculteurs de son département, pour rappeler les exigences du chanvre et décrire les multiples travaux de sa culture et de sa récolte. Il l'a fait avec la clarté et la précision dont il est coutumier. Aussi, tous les cultivateurs de chanvre, les vieux praticiens qui n'ont cessé de perfectionner leurs méthodes, aussi bien que les débutants, trouveront-ils en lui un guide sûr qui leur épargnera bien des mécomptes.

Félix LAURENT

Inspecteur Général de l'Agriculture,
Directeur Honoraire de l'Agriculture.

30 mars 1925.

LE CHANVRE

Renseignements généraux.

STATISTIQUE

Depuis près d'un siècle, les étendues cultivées en chanvre ne cessent de diminuer.

De 176.000 hectares en 1840, elles sont passées à 100.000 hectares en 1862, à 40.000 hectares en 1892, à 12.000 hectares en 1914, dont 5.000 environ pour le seul département de la Sarthe.

Les dernières statistiques accusent 5.000 hectares environ pour l'ensemble du territoire dont 1.500 hectares pour la Sarthe.

Des raisons nombreuses ont provoqué cette réduction des étendues : remplacement du chanvre par d'autres textiles, notamment par le coton ; réduction de la navigation à voiles ; disparition des métiers à la campagne ; fluctuation des prix ; concurrence des chanvres étrangers ; crise de la main-d'œuvre, etc.

Dans les circonstances actuelles la cause principale de la diminution des cultures est consécutive au manque de main-d'œuvre. La culture du chanvre, en effet, exige une quantité de travaux pénibles que l'on n'est pas encore parvenu à exécuter dans de bonnes conditions par des moyens mécaniques.

Qu'il s'agisse de l'arrachage, de la mise à l'eau pour le rouissage ou de la sortie du routoir, ce sont des travaux auxquels ne se prêtent plus volontiers les travailleurs des champs. Nous verrons cependant que les auto-rouisseurs peuvent, à ce point de vue, rendre de très grands services.

En présence d'une telle situation, aggravée par les fluctuations des prix, le cultivateur hésite à ensemencer ses terres en chènevis, et seules les petites exploitations, qui disposent de la main-d'œuvre familiale, persévèrent dans une culture qui a fait la richesse de nombreux agriculteurs.

I. LES BESOINS DE L'INDUSTRIE

La corderie, la filature et le tissage français sont tributaires de l'étranger pour leur approvisionnement en chanvre. En effet, les mouvements des importations et exportations pendant les dernières années sont les suivants :

Importations.

ANNÉES	EN TIGES (quintaux)	BROYÉ OU TEILLÉ (quintaux)	ÉTOUPES (quintaux)	PEIGNÉ (quintaux)
1918	4.410	122.746	20.357	9.531
1919	»	234.081	45.579	14.375
1920	»	147.072	47.834	16.492
1921	109	77.675	25.237	3.867
1922	51	204.381	57.886	5.137
1923	3.721	219.818	71.785	8.456
1924	467	238.264	60.858	6.511

Exportations.

ANNÉES	EN TIGES (quintaux)	BROYÉ OU TEILLÉ (quintaux)	ÉTOUPES (quintaux)	PEIGNÉ (quintaux)
1918	»	1	287	74
1919	1.090	3.925	2.339	310
1920	2.249	9.861	6.705	2.899
1921	431	3.848	1.267	2.597
1922	809	1.532	3.476	167
1923	1.949	4.992	3.652	944
1924	1.540	3.623	2.923	669

Cette dépendance s'accroît de jour en jour à mesure que la culture abandonne le chanvre. En cas de conflit, le pays se trouverait sans aucune ressource au point de vue du textile. Il semble alors que la production du chanvre, dans nos départements de l'Ouest en particulier, devrait être non seulement maintenue mais encore intensifiée.

Notre industrie s'émeut de voir diminuer chaque jour la culture du chanvre.

L'obligation dans laquelle elle se trouve de demander à l'étranger une matière première, qu'elle ne peut plus se procurer en quantité suffisante sur nos marchés, entraîne un excédent d'importations et par suite une raison de plus de dévalorisation de notre monnaie.

La décision qui s'impose est d'encourager à nouveau la culture du chanvre par des mesures douanières appropriées.

On devrait le faire d'autant mieux que, dans chaque

hectare de terre cultivée en chanvre, on voit doubler les rendements moyens en blé.

Protéger la culture du chanvre, c'est intensifier la production du blé.

II. LES RÉGIONS DE PRODUCTION

On rencontre encore le chanvre comme culture industrielle dans le Maine, en Touraine et en Anjou ; ces régions produisent de la filasse pour l'industrie des cordages ou des tissages.

Partout ailleurs, le chanvre n'est plus guère qu'une culture familiale que l'on maintient pour se procurer la filasse utilisée à la ferme.

Dans le Maine, la culture du chanvre fait partie de l'histoire locale. Qui n'a pas vu, dans toute sa splendeur, un beau champ couvert de chanvre, à la végétation exubérante, drue, serrée et d'où s'exhale un parfum pénétrant, ne saurait concevoir tout ce qui attache le cultivateur à cette culture.

En Touraine [1].

En 1882, alors que la culture du chanvre avait perdu en France les deux tiers environ de la surface qu'elle occupait en 1840, l'Indre-et-Loire lui consacrait encore 1.783 hectares. Mais l'affaissement de cette culture allait se poursuivre ici comme dans les autres provinces françaises. En 1892, elle ne s'étendait plus que sur 1.040 hectares ; en 1902, elle occupait seule-

[1]. *Le chanvre*, par J. B. Martin, Directeur des Services Agricoles d'Indre-et-Loire.

ment 622 hectares. Elle ne s'y rencontre plus aujour-
d'hui que sur 216 hectares.

Le sol sur lequel cette culture se maintient est d'une
richesse incomparable. Aux alluvions sableuses de la
Loire et argileuses du « Vieux Cher », les ondes tran-
quilles de l'Indre sont venues mêler leur limon orga-
nique et fécondant. Il en est résulté des terres profondes, généralement souples, fraîches, saines et
riches; des terres franches extrêmement fertiles et
tout à fait favorables à la culture du chanvre.

En Anjou [1].

L'Anjou cultive, depuis fort longtemps, le chanvre
et le lin. Ces cultures sont bien adaptées au climat et
à la nature de beaucoup de sols du département de
Maine-et-Loire.

Pour ce qui concerne spécialement le chanvre, la
statistique décennale de 1882 indique une superficie
cultivée de 7.989 hectares. Dix ans après, le Maine-et-
Loire en ensemençait 5.073 hectares. Depuis, la culture
du chanvre a été restreinte au point qu'en 1924, elle
s'étend seulement sur 750 hectares.

Ce phénomène n'est pas spécial à l'Anjou. Diverses
causes ont contribué à cette réduction. A l'origine de
la crise, la baisse des prix a été la raison la plus
importante. Des cultures concurrentes permettaient
d'obtenir davantage de produit net, avec les mêmes
sacrifices.

Plus tard, la question de main-d'œuvre est venue,
elle-même, obliger le cultivateur à réduire la superficie
occupée par le chanvre.

1. M. Métayer, Directeur des S. A. de Maine-et-Loire.

Actuellement, les prix pratiqués sont peut-être susceptibles de favoriser le relèvement de cette culture. Mais, d'autre part, les récoltes obtenues dans beaucoup de bonnes terres, où le chanvre réussit, sont elles-mêmes très rémunératrices.

Il en résulte cependant une situation qui peut, dans une certaine mesure, se modifier en faveur de l'accroissement de la culture du chanvre, si la rémunération qu'elle offre correspond aux sacrifices imposés.

La vallée de la Loire, en Maine-et-Loire, semble susceptible d'en continuer la culture et particulièrement pendant les années où les crues de printemps viennent détruire les récoltes en terre. Le chanvre dont la végétation est rapide, convient alors très bien, pour utiliser les terrains inondés au printemps.

DANS LES AUTRES DÉPARTEMENTS

En Loire-Inférieure. — La culture du chanvre diminue de plus en plus; elle s'étend sur 150 hectares environ. Elle est encore pratiquée dans la Vallée de la Loire entre Ingrandes et Saint-Julien-de-Concelles. Cette commune et celle de la Chapelle-Basse-Mer, sont celles où se trouvent les plus grandes étendues; mais la culture du chanvre est concurrencée dans cette région par la culture maraîchère, pois, tomates, etc... qui laisse des profits intéressants. La cause principale de la diminution des étendues cultivées réside dans ce fait que les cultivateurs, petits (main-d'œuvre familiale) ou grands (ouvriers agricoles), ne veulent plus effectuer l'arrachage et le rouissage à la main, travaux particulièrement pénibles à tous égards.

En Bretagne. — En Ille-et-Vilaine. — La culture du chanvre a été abandonnée depuis longtemps déjà et les agriculteurs qui ne l'ont jamais pratiquée ne la connaissent plus. Sauf dans la région côtière où la culture des primeurs laisse des revenus importants, il serait possible, par une propagande appropriée, de mettre à nouveau cette culture en honneur si le cultivateur était assuré d'y trouver un gros bénéfice.

Dans les autres départements bretons, la situation pourrait également changer si la culture de la pomme de terre cessait d'être autant rémunératrice.

En Haute-Vienne. — Nombre de petits exploitants accepteraient de rendre au chanvre les surfaces qu'il occupait avant-guerre, s'ils étaient mieux documentés sur le rouissage et les procédés d'extraction de la filasse.

CARACTÈRES ET VARIÉTÉS

Le chanvre présente des pieds mâles et des pieds femelles dans la proportion moyenne de deux pieds mâles pour trois pieds femelles. (Dans la Sarthe les pieds mâles sont appelés femelles et réciproquement.) Les pieds mâles présentent de grandes grappes de fleurs à l'extrémité des tiges (fig. 1). Les pieds femelles ont au contraire, leurs fleurs à l'aisselle des feuilles et la plante a un aspect touffu et plus ramassé (fig. 2).

Le chanvre de pays ou chanvre commun est le plus répandu, le plus précoce et le plus rustique.

Le chanvre du Piémont est plus élevé, plus exigeant et un peu plus tardif. Il dégénère rapidement et

Fig. 1. — Pied mâle.

Fig. 2. — Pied femelle.

il faut en renouveler les semences tous les trois ou quatre ans. Sa culture permet d'échelonner la récolte sur un temps plus long. On obtient ainsi une meilleure répartition de la main-d'œuvre.

On vend habituellement sous le nom de « **chènevis d'Anjou** » ou de « **fils de Piémont** » des graines issues de plantes provenant de chènevis d'origine d'Italie. Ce chanvre a une maturité intermédiaire entre celle des deux variétés précédentes.

Dans la Sarthe, comme chanvre du pays, on préfère le chanvre du Belinois (au sud du Mans) ou **chanvre d'Ecommoy**. Dans cette région on récolte habituellement le chènevis, alors qu'au nord du Mans on ne le fait qu'exceptionnellement. Dans le Belinois, on sème le chanvre de bonne heure et la récolte s'en fait plus facilement à complète maturité.

EXIGENCES GÉNÉRALES

Le chanvre préfère un climat relativement humide et suffisamment chaud ; mais en raison de sa végétation rapide, il réussit sous des climats très différents.

Il redoute avant tout les vents et les orages violents qui nuisent à la qualité de la filasse et déforment la base de la tige.

Les étangs remis en culture périodiquement, les tourbières, les marais susceptibles d'être cultivés lui conviennent ; mais il donne ses plus beaux produits dans la terre fraîche, franche et fertile que, dans de nombreuses régions, on a qualifiée de chènevière.

On calcule que, selon les terres et les rendements, un hectare de chanvre nécessite :

115 à 190 kilogrammes d'azote.
95 à 150 — d'acide phosphorique.
150 à 300 — de potasse.
350 à 600 — de chaux.

M. Martin, Directeur des Services Agricoles d'Indre-et-Loire, précise ainsi le rôle de chaque élément.

L'humus joue dans la culture du chanvre un rôle considérable : il assouplit le sol et favorise son aération et son échauffement ; il nourrit la plante et lui fournit, au cours de l'été, l'eau dont elle a de si grands besoins et qu'il retient après chaque pluie

L'azote est indispensable pour avoir une bonne végétation ; mais s'il est donné en excès et principalement sous forme de nitrate, le développement de la plante, au début, est luxuriant, mais la tige manque de rigidité, le rendement en filasse est faible et les fibres ne sont pas résistantes. Il se produit alors d'importants déchets au teillage. Les meilleures formules de fumure complémentaire, doivent comprendre de l'azote ammoniacal et de l'azote nitrique en parties sensiblement égales.

La potasse et l'acide phosphorique jouent un rôle moins important que l'azote ; mais leur action est loin d'être négligeable. Ils n'agissent pas seulement sur le développement général de la plante, ils affectent aussi les fibres. Sous leur influence, principalement sous l'action de l'acide phosphorique, les parois des fibres deviennent plus épaisses, la filasse acquiert plus de résistance.

Un excès de potasse aurait pour conséquence d'exagérer la formation de la chènevotte, et un excès d'acide phosphorique augmenterait le rendement pour cent en filasse, mais cette filasse serait imprégnée de chènevotte et difficile à décortiquer. Elle serait rude au toucher et de moindre valeur marchande.

La chaux a elle-même une importance toute particulière. Les chanvres les plus lourds et les plus nerveux sont obtenus dans les terres argilo-calcaires.

La culture du chanvre dans la Sarthe.

(Département type.)

CONDITIONS CLIMATÉRIQUES

Pour bien apprécier les différents travaux culturaux et autres qui se succèdent au cours de la végétation du chanvre, il paraît indispensable d'indiquer les principales conditions climatériques du département.

D'après les observations relevées pendant vingt-huit ans, de 1885 à 1913, les conclusions suivantes ont pu être tirées :

Les plus basses températures ont lieu le plus souvent en janvier, puis en février, puis en décembre, et enfin en mars.

La température la plus basse qui ait été enregistrée a été de — 13°5 en 1900.

Les minima absolus les plus bas ont été de — 5 8 à — 7° au cours de 8 années; de — 7 à — 9°, 8 années également; de — 9° à — 11°, 7 années; et au-dessous de — 11° au cours de 5 années.

Le nombre des gelées varie de 70 jours à 11 jours

en hiver, de 15 à 1 au printemps et de 16 à 1 en automne.

Les premières gelées ont eu lieu au plus tôt le 5 octobre et au plus tard le 30 novembre, avec des minima absolus de — 1° et — 2°.

Les dernières gelées ont eu lieu au plus tôt le 10 mars et au plus tard le 7 mai, avec des minima absolus de — 3° et — 2°.

Dans cette période de vingt-huit années, les mois d'avril ont fourni 39 jours de gelées et les mois de mai, 3.

En été, les moyennes des températures ont varié de 21° à 17°. Les maxima absolus de température varient de 29° à 39°.

Les plus hautes températures ont lieu le plus souvent en août : 13 fois, puis en juillet : 10 fois, puis en juin : 4 fois et enfin en septembre : 1 fois.

La hauteur moyenne des pluies est de 550 à 600 mm., avec 142 jours de pluie par an.

Dans chaque saison la répartition moyenne des pluies est de :

Automne	160 mm.
Hiver	135 —
Printemps	141 —
Été	147 —

Les plus grandes hauteurs d'eau sont fournies le plus souvent par les pluies d'automne (11 fois), puis par les pluies d'hiver (7 fois), puis par les pluies d'été 6 fois, et enfin par les pluies de printemps 4 fois.

On compte annuellement une vingtaine d'orages dont deux ou trois orages à grêle d'une certaine importance.

Les vents ont, en général, une vitesse moyenne de 3 à 5 mètres. La plus grande vitesse qui ait été notée est celle de 25 mètres.

En résumé, le climat est tempéré, sans écarts extrêmes et les pluies sont bien réparties.

SOLS ET ASSOLEMENTS

Les cantons les plus chanvriers sont ceux de Marolles-les-Braults, de Beaumont-sur-Sarthe et d'Ecommoy (fig. 3).

Toutes les terres fraîches et riches ou fortement fumées peuvent être réservées au chanvre qui constitue un excellent précédent pour le blé.

Le chanvre laisse le sol merveilleusement préparé à tous points de vue et permet d'obtenir les plus hauts rendements. C'est une plante *améliorante* en raison des fumures et de la parfaite préparation du sol qu'il exige, et c'est une plante *nettoyante*, car il étouffe toute végétation.

Dans les bonnes terres, le chanvre rentre le plus souvent dans l'assolement de 4 ans :

1re année. Chanvre ou plantes sarclées.

2e année. Blé.

3e année. Orge ou avoine.

4e année. Trèfle violet.

En terres sableuses, mais riches et profondes, comme celles du Belinois, on a parfois recours à l'assolement triennal :

1re année. Chanvre ou cultures sarclées.

2e année. Blé, seigle, ou méteil.

3e année. Trèfle incarnat, choux fourragers et fourrages divers.

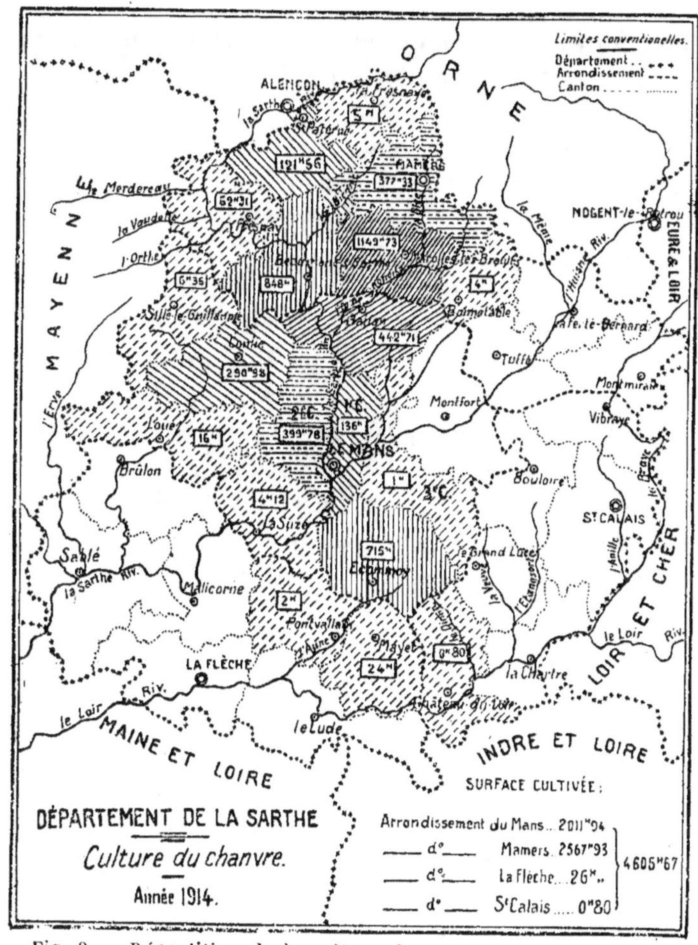

Fig. 3. — Répartition de la culture du chanvre dans la Sarthe.

PRÉPARATION DU SOL

Le chanvre exige une terre soigneusement préparée. Les façons culturales varient avec les terres et les circonstances climatériques; mais en règle générale elles sont excessivement nombreuses et se poursuivent aussi longtemps que la terre n'est pas finement pulvérisée.

On compte habituellement :

1° Un labour d'hiver de 15 à 18 centimètres ;

2° Un hersage au printemps suivi d'un scarifiage et d'un deuxième hersage ;

3° Un labour de printemps suivi de façons superficielles alternées comprenant un troisième hersage, un roulage, un deuxième scarifiage et un quatrième hersage ;

4° Un labour de repassage suivi d'un cinquième hersage et parfois d'un deuxième roulage.

Dans ces conditions, le sol est ameubli d'une façon complète sans être creux. La graine peut entrer en contact intime avec le sol et lever dans les meilleures conditions.

ENGRAIS

La végétation du chanvre est très rapide et il est nécessaire d'apporter les engrais sous une forme très assimilable. La base de la fumure est constituée par du fumier de ferme bien décomposé.

On apporte fréquemment de 30 à 40.000 kgs. de fumier.

Les engrais chimiques sont indispensables et d'un usage courant.

Les doses les plus employées sont de :

100 à 250 kgs. d'engrais azotés (nitrate de soude et sulfate d'ammoniaque en mélange).

500 à 800 kgs. de superphosphate.

100 à 300 kgs. de chlorure de potassium ou des quantités correspondantes de sylvinite ou de kaïnite.

Les petits exploitants, qui n'ont pas l'habitude de faire leurs mélanges eux-mêmes, emploient de 6 à 800 kgs. d'engrais composés dosant de 6 à 8 °/₀ d'azote, 7 à 8 °/₀ d'acide phosphorique, et de 5 à 8 °/₀ de potasse.

Ces apports d'éléments fertilisants, y compris ceux du fumier de ferme, représentent en moyenne 185 kgs. d'azote, 160 kgs. d'acide phosphorique, 275 kgs. de potasse et 115 kgs. de chaux; soit des quantités voisines de celles qui sont nécessaires au chanvre.

Dans les terres pauvres en chaux, on apporte à l'hec-are 800 kilogrammes de scories en plus des super-phosphates. Depuis quelques années, les bons culti-vateurs utilisent en tête d'assolement de 1.000 à 1.500 kilogrammes de chaux à l'hectare. L'épandage des scories ou de la chaux précède de 10 à 15 jours au moins celui des autres engrais.

Le fumier est autant que possible conduit avant le labour d'hiver, en novembre-décembre, ou au plus tard avant le premier labour de printemps. Quant aux engrais chimiques, ils sont répandus avant ou après le dernier labour. Dans les terres légères, on préfère ne les répandre qu'au moment des semailles. Sulfate d'ammoniaque, nitrate de soude, superphosphate et chlorure de potassium sont mélangés au moment de l'emploi et répandus aussitôt.

SEMAILLES

On ne doit semer que du chènevis de la dernière récolte. Une belle couleur grise, des tons brillants, répondent de la qualité de la graine.

Le chènevis de deux ans a une faculté germinative voisine des chènevis d'un an, soit de 80 à 85 %, mais l'énergie germinative en est beaucoup moins grande. Le chènevis de deux ans donne un chanvre qui, au lieu de pousser rapidement, végète, meurt en partie et devient très clair; ce qui est très mauvais, car le chanvre de qualité doit au contraire pousser très vite et très dru. Dans ces conditions la détermination de la faculté germinative est insuffisante. Il faut s'assurer que le chanvre est susceptible de bien pousser. A cet effet, on sèmera du chènevis à essayer dans une terrine ou dans un pot garni de bonne terre fraîche. On fera de même avec des graines dont on connaît la valeur et on disposera le tout dans une pièce chauffée; ou mieux encore, on fera un essai sous cloche, sur une couche à melons par exemple, 15 jours ou 3 semaines avant les semailles. On notera les germinations ainsi que la rapidité de la levée et on comparera la longueur des pousses.

Le chanvre est sensible aux gelées printanières. On sème depuis le 15 mai au sud du Mans et du 1er au 15 juin au nord.

Le plus souvent le semis est effectué au moyen de semoirs mécaniques fabriqués dans le pays (fig. 4) et qui répandent le grain à la volée derrière chaque soc; c'est en réalité un semis en bandes de 12 centimètres, séparées seulement d'un intervalle de 4 centimètres. La graine est parfaitement recouverte et le semoir n'est suivi d'aucun autre instrument.

Le chanvre n'aime pas être roulé, si on roule, on doit le faire avant le passage du semoir. Le roulage n'est pratiqué que par les années de sécheresse, il provoque le croûtage du sol qui nuit « au départ » de a plante. Or, le chanvre « ne doit pas bouder », si-

Fig. 4. — Semoir Souty.

non il ne saurait triompher des mauvaises herbes.

On sème de préférence après une pluie, dès que le sol est ressuyé et qu'il « s'arrange bien ».

Le semis fait la veille d'une violente chute d'eau est fréquemment compromis; le sol se tasse et se ravine, la levée est irrégulière. En ce cas s'il est possible, **dans les 48 heures,** on donne un bon coup de herse afin de détruire la croûte qui s'est formée. Trois ou quatre jours après il est trop tard. La herse détruirait les germes du chènevis. C'est alors qu'il y a lieu de recommencer les semailles.

De la rapidité et de la régularité de la levée dépend la réussite de la culture.

Autrefois, quand on semait à la volée, on effectuait le semis sous raie. La graine passait la nuit sur le sol et on l'enterrait, avant le lever du soleil, par un labour léger.

On emploie de 60 à 90 kilogrammes de graine par hectare « en beau chènevis ». C'est dans le Belinois « en terre douce » que l'on sème le plus clair et cela surtout en vue de la récolte de la graine. D'aucuns ne sèment qu'une livre à l'are.

Les oiseaux, notamment les tourterelles, sont très friands de chènevis, et l'on est parfois obligé de faire surveiller les ensemencements ou de tendre des fils.

La levée doit avoir lieu en moins de 8 jours; on compte 6 jours en moyenne. Les jeunes plantes couvrent rapidement le sol et étouffent les mauvaises herbes. Il n'est plus alors possible de distinguer la moindre trace de terre.

Dans les terres sujettes aux sanves ou aux ravenelles, le cultivateur avisé prépare la terre 5 ou 6 jours avant de semer. Au moment du semis les mauvaises graines sont prêtes à lever. Elles seront facilement détruites par un ou deux hersages légers que l'on pourra exécuter jusqu'à ce que le chanvre, que l'on a eu soin de semer un peu plus dru, soit, lui-même, sur le point de sortir.

L'orobanche et la cuscute qui ont été signalées sur le chanvre, sont ignorées dans la Sarthe. Le cas échéant, il faudrait arracher et brûler les tiges atteintes par la cuscute et brûler de même les oro-banches après les avoir arrachées.

Le chanvre ne comporte aucune façon d'entretien au cours de sa végétation qui est extrêmement in-tense. Quand il se trouve dans des conditions favora-bles, il prend rapidement possession du sol, étouffe les mauvaises herbes et allonge ses tiges à vue d'œil. Cependant dans les terrains d'alluvions, un sarclage à la main est parfois nécessaire pour débarrasser le chanvre de certaines plantes rustiques et envahis-santes telles que le chenopodium, l'aristoloche, etc...

RECOLTE

Du semis à la floraison, il faut compter deux mois et demi environ et un mois depuis le commencement de la floraison à la maturité, soit en tout trois mois et demi ; mais on commence toujours d'arracher avant maturité complète, trois mois à peine après le semis.

La filasse la plus fine et la plus blanche est obtenue avec du chanvre récolté au moment de la floraison.

On procède à l'arrachage du chanvre (fig. 5) depuis la fin d'août jusqu'à la fin de septembre, on commence dès la défloraison des pieds mâles et lorsque quelques graines sont déjà formées sur les pieds femelles.

La récolte est faite en une seule fois (fig. 6), sauf dans
le Belinois où l'on pratique encore « le triage », c'est-à-

Fig. 5. — Arrachage du chanvre (Vue prise à la Chapelle-aux-Naux)
Cliché J.-B. Martin (I.-et-L.).

dire qu'on arrache d'abord les pieds mâles pour ne
laisser que les pieds femelles qui le seront ultérieure-
ment (fig. 7).

Les tiges sont arrachées à la main et réunies par
poignées de 25 à 30 centimètres de tour et liées au
moyen de quelques brins de petit chanvre ; un premier lien est placé à 40 centimètres du pied et un
second, à 50 centimètres de la pointe.

Les poignées sont rassemblées en petit tas (fig. 8)

Fig. 6. — Récolte totale.

Fig. 7. — Récolte des pieds mâles et préparation d'allées dans la chènevière.

par demi-douzaine pour en faciliter le comptage et le ramassage.

L'arrachage du chanvre se fait à la main. C'est un travail pénible surtout par les années sèches. Il est recommandé de se protéger les mains avec des gants épais. Pour faciliter le travail, on a essayé, sans y

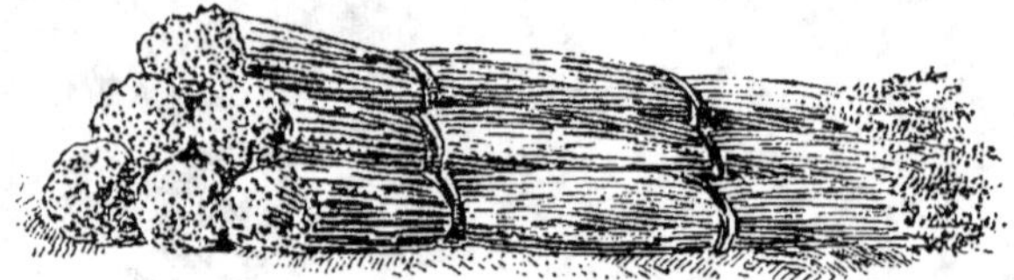

Fig. 8. — Petit tas de chanvre.

arriver, de trouver une arracheuse qui puisse mettre les tiges de chanvre en javelles, sans les brouiller.

PRODUCTION DE LA GRAINE

La production de la graine est très variable; elle varie selon les années du simple au triple ou au quadruple. Elle n'est guère pratiquée que dans le Belinois. Ailleurs, on ne récolte du chènevis que par les années favorables, lorsque septembre est relativement sec ou que le chènevis atteint des prix par trop élevés. Les rendements sont sous la dépendance de l'humidité au printemps et de la sécheresse ou des orages en été. Les années déficitaires sont ordinairement celles où par suite d'un excès d'eau, les semis ont été faits trop tardivement et lorsque le chanvre a souffert des intempéries.

Pour la récolte totale on réserve les parcelles les plus claires que l'on arrache en dernier lieu. Les parcelles un peu claires donnent le plus beau chènevis.

Lorsque la récolte est faite en deux fois, les pieds mâles sont arrachés dès que la floraison est terminée ; on opère avec précaution, en ayant soin d'éviter d'endommager les pieds femelles que l'on reconnaît facilement car ils restent verts, alors que les pieds mâles sont déjà jaunis.

On procède à l'arrachage lorsque la plus grande partie des graines est mûre, les poignées sont mises en tresses sur le sol (fig. 9). La pointe de la poignée

Fig. 9. — Mise en tresses.

qu'on vient d'arracher repose sur la poignée précédente de façon que les inflorescences ne soient pas en contact avec la terre.

Le chanvre est laissé ainsi pendant quelques jours, puis on procède au battage sur place.

On choisit une belle après-midi et on secoue les poignées dans un tombereau, mis à bout de chaine, de telle façon que l'arrière du véhicule soit à 50 centimètres du sol (fig. 10). On fait suivre le tombereau le long des tresses pour réduire le plus possible les manipulations, car le chanvre s'égrène facilement. On facilite la séparation des graines en frappant les poignées sur les parois du véhicule.

Plus rarement le secouage est effectué sur un chevalet placé sur une bâche.

Dès le soir même, toute la graine récoltée dans la

Fig. 10. — Disposition du tombereau pour la récolte de la graine.

journée doit être passée au tarare pour la débarrasser

Fig. 11. — Errussage du chanvre femelle.
(Vue prise à Rigny-Ussé) Cliché J.-B. Martin (I-et-L.).

des petites feuilles qu'elle contient et prévenir l'échauffement qui ne manquerait pas de se produire.

Le chènevis est mis aussitôt en couches minces dans
un grenier et remué plusieurs fois par jour et cela
aussi longtemps qu'il n'est pas complètement sec,
cette opération se fait très facilement avec les pieds
ou à l'aide d'une pelle à grains.

La filasse provenant des chanvres porte-graines est
moins blanche, mais elle est plus résistante. Elle
était très recherchée autrefois lorsqu'on pratiquait des
« rouis de printemps » avec le chanvre ainsi récolté
en arrière-saison. En règle générale, la filasse obtenue
avec des chanvres arrachés en deux fois, est toujours
meilleure, car elle est plus uniforme tant au point de
vue de la finesse que de la solidité. Les pieds femelles
sont parfois débarrassés de leur graine en les passant
à l'errusseuse (fig. 11), sorte de peigne à dents d'acier
qui détache les inflorescences. Toutefois, cette opération n'est point pratiquée dans la Sarthe où on se
contente de secouer les poignées comme il a été dit
précédemment.

Traitement du chanvre après l'arrachage.

ROUISSAGE

Le chanvre doit être mis à l'eau en vert, immédiatement après l'arrachage, on ne doit pas attendre plus de deux ou trois jours.

Dans la Sarthe, le rouissage se fait en rivière(fig. 12). ou en routoirs à eau dormante. Le rouissage en rivière

Fig. 12. – Mise du chanvre au rouissage.

donne une filasse plus blanche et plus appréciée. Il se complique parfois de l'enfoncement de quelques pieux en vue de prévenir l'entraînement du chanvre en cas de crue violente.

Les poignées sont empilées dans l'eau pour former

Fig. 13. — Construction d'une tuilée. La mise à l'eau dans l'Indre (Vue prise de Rigny-Ussé.) Cliché J.-B. Martin (I.-et-L.).

des « douettées ou tuilées ». La tuilée est de forme ronde, carrée ou rectangulaire. La hauteur en est de $1^m,25$ à 2 mètres; elle varie selon les circonstances et la profondeur de l'eau. On rassemble environ de 60 à 120 douzaines par **tuilée.**

Dans la confection de la tuilée (fig. 13), il faut avoir

soin de mettre les pieds à l'extérieur. Une première rangée de poignées est disposée côte à côte sur le bord ; puis les autres rangées sont placées en sens contraire la pointe tournée vers l'extérieur, à la façon des tuiles sur un toit. La deuxième série de rangées est disposée perpendiculairement à la première et ainsi de suite. Il ne faut pas faire de tuilées trop épaisses. Le rouissage est moins bon à l'intérieur.

Lorsque la tuilée est terminée elle est chargée de pierres. La conduite du rouissage nécessite une habileté particulière. La partie supérieure de la tuilée doit affleurer le niveau de l'eau. Si elle est trop chargée, elle coule.

La première nuit le chanvre s'imbibe et descend dans l'eau, puis il remonte une trentaine d'heures après, pour redescendre ensuite 40 heures environ avant la fin du rouissage. Il faut donc augmenter ou diminuer le chargement selon les circonstances.

La durée moyenne du rouissage varie de 4 à 6 jours, on reconnaît que l'opération est terminée lorsque l'écorce s'enlève facilement. Au début, lorsque l'eau n'est pas encore ensemencée de ferments, le rouissage est plus long. Il se fait en 3 jours par les temps chauds et orageux de la fin d'août, et en 10 jours à la fin d'octobre lorsque l'eau est refroidie. La durée du rouissage varie également avec la confection de la tuilée. Une tuilée serrée met plus de temps à rouir qu'une tuilée dont les poignées sont un peu espacées ; mais celles-ci ont alors l'inconvénient de céder sous le poids des ouvriers et il en résulte une perte de filasse plus importante au broyage.

Les travaux de mise à l'eau et surtout ceux qui consistent à retirer le chanvre de l'eau sont très pénibles et sont payés très chers, ils peuvent être

Fig. 14. — Utilisation d'un auto-rouisseur.

rendus moins durs en utilisant l'auto-rouisseur (fig. 14)

ou chariot monté sur rails. Dans ces conditions, le chanvre roui peut être conduit directement à l'emplacement qui lui est réservé, et l'on récupère ainsi une grande partie des boues du rouissage.

La tuilée est construite sur le chariot, puis descendue à la rivière où, quittant le chariot en flottant, elle est conduite le long de la rive au moyen de perches. Le chargement et le rouissage se font dans les conditions habituelles et lorsqu'il s'agit de retirer la tuilée on la fait flotter à nouveau, après avoir retiré les pierres, pour la conduire exactement au-dessus du chariot Celui-ci est repéré au moyen de grands piquets qui dépassent le niveau de l'eau. Il ne reste plus ensuite qu'à remonter le chariot au moyen d'un treuil aménagé à cet effet. Dans les installations importantes, le treuil est mû par un cheval.

Pour diminuer le nombre des manipulations, les opérateurs conduisent leurs travaux de telle façon, qu'en descendant une tuilée fraîche, ils aient à remonter une tuilée rouie dont les pierres servent directement au chargement de la nouvelle tuilée.

SÉCHAGE AU PRÉ

Lorsque le rouissage est terminé, le chanvre est sorti de l'eau et égoutté (fig. 15); puis les poignées sont étalées sur un pré ou sur un chaume de céréales (fig. 16). Par le beau temps 4 jours suffisent au séchage.

Le chanvre doit en effet subir le contact de deux rosées de chaque côté. Il doit donc être retourné au moins une fois. Quand il est bien sec, le chanvre est rentré sous un hangar ou mis en meules par paquets ou fagots de 8 ou 10 poignées, en attendant le broyage. Il peut rester ainsi sans inconvénient pendant plusieurs années.

Par les années pluvieuses, dès que les poignées sont ressuyées, elles sont mises en moyettes de 8 ou

Fig. 15. — La sortie de l'eau et l'égouttage.
Cliché J.-B. Martin (I.-et-L.).

10 poignées. **Il faut avant tout éviter le contact prolongé du chanvre avec le sol,** sous peine de le voir se piquer, ce qui provoquerait une perte en quantité et en qualité.

Le séchage sur pré varie. Dans les localités où le rouissage se fait à eau dormante et où la filasse reste toujours un peu grise, les poignées sont parfois disposées en éventail sur le sol. Les deux liens sont alors ramenés vers le milieu; puis quand les tiges commencent à sécher, les poignées sont dressées en moyettes, après avoir remis les liens dans leur position primitive. Mais pour avoir du beau chanvre

Fig. 16. — Séchage du chanvre au pré.

blanc, il est indispensable de l'étendre et de le retourner comme il vient d'être dit. Cette façon d'opérer est du reste pratiquée partout où l'on rouit à l'eau courante.

SÉCHAGE AU FOUR

Le broyage est exécuté en hiver lorsque la main-d'œuvre est disponible.

Le séchage au four précède immédiatement le broyage. Autrefois le chanvre était séché au four à pain et on le broyait le matin, avant de partir aux champs. C'était l'époque où chaque maîtresse de maison filait la quenouille en vue de faire fabriquer sa toile par le tisserand du village.

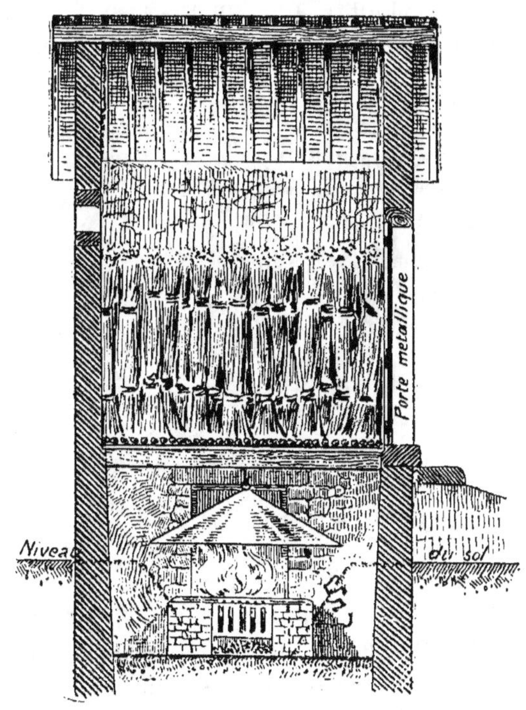

Fig. 17. — Four à chanvre.

Aujourd'hui le chanvre est séché dans le four spécialement construit à cet effet.

Les fours à chanvre sont presque tous construits sur le même modèle (fig. 17). Ils se composent d'une bâtisse carrée ou ronde, en pierres ou en briques de 3 à 4 mètres de diamètre et de 4^m,50 de hauteur. A 1^m,60 du sol est un plancher à claire-voie et, sur ce plancher, une chambre de 2^m,80 à 3 m. de hauteur, recouverte par le toit sous lequel se trouve une voûte ou un fort garnissage en plâtre pour s'opposer au départ de la chaleur. On a ainsi deux pièces : au sous-sol la chambre de chauffe, où l'on installe un brasero à coke (fig. 18) et, au rez-de-chaussée, sur le plancher à

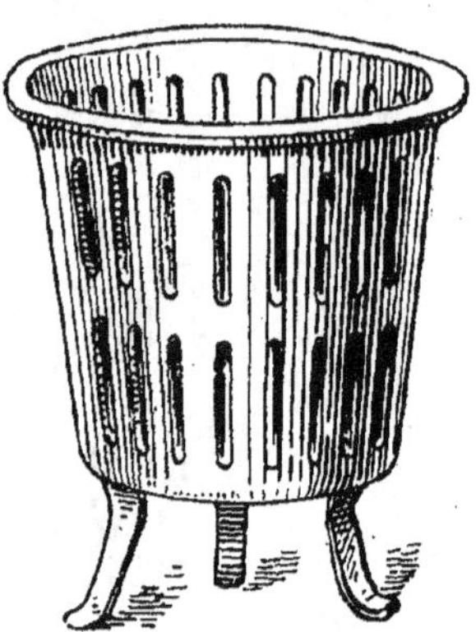

Fig. 18. — Grille à coke.

claire-voie, la chambre à chanvre. Cette chambre peut contenir 120 fagots (environ 1200 poignées) dressés et serrés les uns contre les autres. On met alternativement le pied et la tête en bas.

Le séchage doit être conduit avec les plus grandes précautions. S'il y a excès de chaleur, le chanvre devient rouge et cassant. Dans le four on observe en moyenne une température de 50 à 60 degrés.

La grille est allumée le four étant préalablement chargé. On chauffe sans interruption, mais pendant le jour on ne fait qu'entretenir le feu.

Une chauffe dure 12 heures, de 6 heures du soir à

6 heures du matin. La grille est chargée deux fois pendant la nuit.

Pendant le jour on broye le chanvre. Le soir on recharge à nouveau pour le lendemain.

BROYAGE ET TEILLAGE

Le broyage et le teillage se font soit à la ferme, soit par des entrepreneurs, pour la petite culture notamment; ils s'effectuent au moyen de 2 machines distinctes :

1° La *broyeuse* qui brise le bois du chanvre et en détache la plus grande partie;

2° La *teilleuse ou tambour* qui détache le reste de la teille, polit les fibres et les met prêtes à « paqueter ». Dans la petite culture on lui préfère la **broie à main**.

La moyenne et la grande culture possèdent généralement une broyeuse et une broie. La broyeuse est ordinairement mue par un

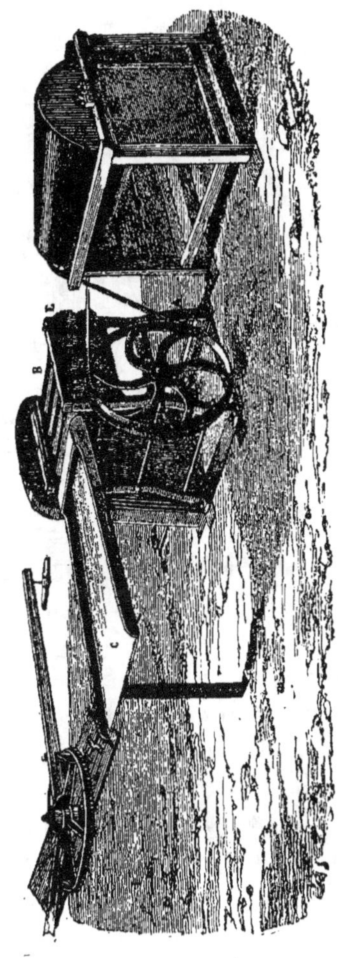

Fig. 19. — Broyeuse et Teilleuse disposées pour le travail. (Modèle Maury aîné, Le Mans.)

manège à un cheval (fig. 19) et permet d'obtenir de
200 à 250 kgs de filasse par jour.

Des broyeuses, d'un plus grand modèle, mues par
un moteur ou une locomobile, font de 400 à 500 kgs

Fig. 20. — Broie à main.

de filasse. Elles sont utilisées par les entrepreneurs
ou dans les grandes exploitations.

Au sortir de la broyeuse, la filasse est, le plus souvent,
passée à la *broie à main*, ou *braie*, à l'effet de la bien
nettoyer (fig. 20). La mâchoire mobile est actionnée par
un ouvrier qui, en même temps, présente la filasse.

Avec la teilleuse mécanique, les déchets obtenus sont
plus grands.

Description sommaire d'une installation mécanique.

Le système complet se compose de trois parties distinctes, savoir :

La *broyeuse* portant quatre paires de cylindres cannelés servant à briser et à détacher la chènevotte ;

La *teilleuse* se composant essentiellement d'un cylindre conique, mobile autour de son axe, et servant à compléter le nettoyage du chanvre ;

Le *manège* servant à communiquer le mouvement à la broyeuse et à la teilleuse au moyen de deux chevaux.

A ces trois parties principales, il faut ajouter les pièces suivantes :

L'arbre de couche servant à relier la broyeuse au manège ;

La tablette s'adaptant au-devant de la broyeuse et servant à présenter le chanvre aux cylindres ;

La courroie commandant la teilleuse ;

Les deux bois de manège avec leurs écrous ;

Les deux bois de bouche, servant à maintenir l'écartement des chevaux.

Montage. — Toutes les parties et pièces dont la description précède, amenées et déchargées sur l'emplacement où l'on a l'intention de broyer, on devra procéder ainsi au montage :

L'emplacement de la broyeuse qui arrive toute montée sur un cadre en bois, doit être choisi le plus près possible du fourneau et de façon que la tablette soit du côté dudit fourneau. Cet emplacement choisi, on le dresse, puis on trace dessus le bâti de la broyeuse, après quoi on enlève les terres pour la pose du bâti, de façon que l'arbre de couche soit de toute son épaisseur dans le sol. Le coussinet, fixé sur le bâti de la broyeuse, donne cette hauteur. Après s'être assuré que le bâti porte bien partout et principalement dans les bouts et que la machine est bien d'aplomb, on relève la terre autour du bâti et l'on bat fortement.

La broyeuse en place, on pose l'arbre de couche sur le coussinet placé au bas du côté droit du bâti. La position de cet arbre de couche détermine celle du manège. On présente ce dernier ; puis mettant l'arbre de couche de niveau, au moyen d'un niveau de maçon, on voit de combien il faut enterrer ou relever le bâti dudit manège. Quand, enfin, ce bâti est placé, de façon à ce que l'arbre de couche soit bien de niveau, on enfonce des piquets tout autour et de façon à presser en sens contraire au sens dans lequel le tirage doit se faire.

Reste à placer la teilleuse. Pour cela, on commence par déterminer, à très peu de chose près, la position qu'elle doit occuper, en la présentant au-devant et en côté de la broyeuse ainsi que l'indique le dessin, de façon à ce que le devant de la petite poulie de la teilleuse soit bien dans l'alignement de la joue de la grande poulie de la broyeuse et que la courroie croisée soit à peu près tendue. Cet emplacement déterminé, on met en terre deux bouts de madriers sur lesquels on place les deux côtés de la teilleuse. On assure la bonne direction de ces côtés par rapport à la grande poulie de la broyeuse au moyen de petites tringles clouées sur les madriers et butant les côtés de la teilleuse. Par derrière le bâti, on cloue également de petites tringles, et, si la courroie vient à se lâcher, on enfonce de petits coins entre ces tringles et le bâti de la teilleuse, de façon à la faire glisser en avant d'une longueur suffisante.

Travail. — Le montage terminé ainsi qu'il vient d'être dit, la courroie de commande de la teilleuse posée en croisant, les boîtes à graisse garnies, les engrenages graissés, les ouvriers se préparent et prennent position, savoir : un servant destiné à apporter le chanvre du fourneau à la broyeuse, deux broyeurs, l'un devant présente le chanvre et l'autre le reçoit, enfin un teilleur. — On met alors les chevaux en marche en prenant la précaution d'envoler la machine à la main par la grande poulie calée sur l'arbre intermédiaire et on laisse faire quelques tours à vide pour s'assurer que tout est bien en place et permettre de régler la marche. — Toutes ces précautions prises, le broyeur destiné à faire passer le chanvre sous les cylindres de la broyeuse prend une première poignée, l'étend sur la tablette, et, la prenant par un bout, il la pousse et l'engage sous les cylindres. A la sortie des cylindres et alors que le chanvre pend de quarante à cinquante centimètres, l'ouvrier préposé à le recevoir le réunit dans sa main droite, à vingt-cinq centimètres environ du pied, puis le secoue, au fur et à mesure qu'il vient, afin de faire tomber le plus possible les fragments de chènevotte encore adhérents : la poignée, dégagée complètement des cylindres, est déposée sur le tréteau de l'ouvrier teilleur, et ainsi de suite. Le teilleur nettoie deux poignées à la fois, les prenant de la main gauche, à soixante centimètres de la racine, engage ces soixante centimètres dans le petit bout de la teilleuse, en l'étendant le plus possible, le présentant tantôt d'un côté, tantôt de l'autre. Le bout nettoyé, il change de côté sans changer la prise, la main droite sert alors à jeter la pointe dans l'ouverture de la teilleuse, on achève le nettoyage de la pointe en se portant du côté du gros bout de la teilleuse. La poignée nettoyée est déposée sur un deuxième tréteau à la portée du teilleur.

La pièce de fonte formant contre-batteur est mobile dans le sens de l'axe du tambour. Au moyen des boulons à coulisse qui la fixent par les extrémités, on rapproche ou on écarte cette pièce suivant les exigences de la matière.

Quand on veut presser le travail et faire rendre à la machine tout ce qu'elle peut rendre, deux teilleurs ne sont pas de trop ; alors, l'un nettoie la racine au petit bout de la teilleuse pendant que l'autre achève le nettoyage de la pointe au côté opposé.

On ne doit jamais faire marcher les chevaux trop fort et, pour obtenir un bon résultat, le tambour ne doit jamais ronfler.

Il existe également des teilleuses « *Sitger* » qui demandent à être conduites par des mains expertes, exigent une force motrice assez élevée ; elles sont surtout employées par les entrepreneurs et sont à recommander pour les chanvres nerveux et résistants ; avec un chanvre mou, les déchets sont plus élevés que ceux obtenus avec la broie à main. Une teilleuse Sitger débite aisément 500 kilogrammes de filasse par jour. Elle se compose de deux cylindres entraîneurs tournant lentement et de deux cylindres nettoyeurs tournant à une très grande vitesse. Un débrayage approprié permet la marche avant et arrière des cylindres entraîneurs et d'effectuer un travail très soigné.

La broyeuse petit modèle pèse 850 kilogrammes; la broyeuse grand modèle 1.500 kilogrammes, la teilleuse 180 kilogrammes et l'appareil Sitger 650 kilogrammes.

Le broyage n'exige aucun apprentissage spécial, sauf le travail à la broie qui est assez dur. Les teilleuses proprement dites sont peu répandues et on préfère utiliser deux, trois ou quatre broies conduites chacune par un homme, pour teiller la filasse provenant des broyeuses.

Les poussières produites par le broyage et surtout le teillage sont désagréables, et on doit opérer dans un endroit bien aéré.

FINISSAGE

Après le broyage, les poignées sont disposées sur

Fig. 21. — Table destinée à recevoir les poignées de chanvre.

une table (fig. 21) et provisoirement rassemblées en gros paquets. Puis, quand la filasse a repris un peu d'humidité et qu'elle « se travaille mieux », elle est peignée, pour lui enlever les débris de chènevotte et les fibres cassées. On utilise à cet effet de vieilles lames de scies; après quoi, la filasse est mise en paquets.

Les paquets marchands (fig. 22) ou « poids », sont

Fig. 22. — Paquet marchand.

composés de 20 à 26 poignées ou toupines bien lissées et tordues par le milieu.

La mise en paquets se nomme « poidsage ». Chaque paquet pèse de 6 à 10 kilogrammes.

RENDEMENT EN FILASSE

Dans les bonnes terres on obtient couramment 14 à 1.500 kilogrammes de filasse à l'hectare et par les bonnes années 1.600 et même 1.700 kilogrammes; mais il faut compter une mauvaise année tous les 4 ou 5 ans.

A une récolte moyenne de 1.300 kilogrammes comprise entre 1.400 et 1.500 kilogrammes de filasse correspondent selon les années, les sols et la maturité :

15 à 20.000 kilogrammes de chanvre vert avec tiges, feuilles et racines.

7 à 9.000 kilogrammes de chanvre séché et conservé pour un rouissage ultérieur.

12 à 16.000 kilogrammes de chanvre roui, au moment où il est retiré du routoir.

5 à 7.400 kilogrammes de tiges sèches après rouissage et mise en meules ou sous hangar.

4.400 à 6.400 kilogrammes de tiges séchées au four, prêtes au broyage.

3.600 à 4.400 kilogrammes de chènevotte.

Soit pour 1.000 kilogrammes de chanvre vert :

450 kilogrammes de chanvre sec.

800 kilogrammes de chanvre roui sortant de la rivière.

354 kilogrammes de tiges rouies et séchées au pré.

310 kilogrammes de tiges séchées au four.

228 kilogrammes de chènevotte.

75 kilogrammes de filasse.

Autrement dit les tiges sèches après rouissage donnent de 21 à 22 % de leur poids en filasse.

Les prix de la filasse et des graines subissent des fluctuations considérables ; c'est ainsi que depuis 1910, ils ont été ainsi pratiqués au quintal :

ANNÉES	Filasse	Graines	ANNÉES	Filasse	Graines
1910	74	33	1918	270	400
1911	100	70	1919	210	300
1912	70	75	1920	250	180
1913	80	75	1921	180	210
1914	84	65	1922	220	300
1915	155	100	1923	500	550
1916	236	240	1924	600	750
1917	400	500			

Frais de Production.

En 1906, le Conseil d'administration du Syndicat des Agriculteurs de la Sarthe, évaluait à 669 francs les frais de culture d'un hectare de chanvre.

En 1909, une estimation établie par M. de l'Ecluse, professeur départemental d'agriculture, s'élevait à 777 francs. En 1914, les prix étaient encore plus élevés. Aujourd'hui, d'après les renseignements qui nous ont été fournis par différents praticiens, les frais de culture varient de 3.500 à 4.500 francs, selon les circonstances.

DÉCOMPTE DES FRAIS

Dans les bonnes terres à chanvre, le loyer du sol a plus que doublé et dépasse 200 francs par hectare.

Les impôts qui, en 1914, étaient en moyenne, de 9 francs par hectare, sont actuellement, avec les bénéfices agricoles, d'environ 22 francs.

Le capital d'exploitation, c'est-à-dire le prix du matériel et des animaux de ferme est passé de 700 francs à 2.750 francs par hectare, avec des taux d'intérêts respectifs de 4 % et de 6 %.

Les frais généraux par hectare sont passés de 32 francs à 232 francs et se décomptent ainsi :

Entretien et renouvellement du matériel....   140 francs.
Assurances.................................   22   —
Direction et surveillance...................   70   —

Ces chiffres qui pourraient paraître exagérés, ne le
sont pas en réalité.

Ainsi, pour les assurances, la somme de 22 francs
par hectare est obtenue de façon suivante :

Assurance collective du personnel...........   8 francs.
Assurance du patron et de la patronne......   6   —
Assurance des tiers........................   5   —
Assurance incendie.........................   3   —

Nous avons en effet trouvé de nombreuses exploitations d'une vingtaine d'hectares où l'on payait
pour les diverses assurances mentionnées ci-dessus,
160 francs, 120 francs, 100 francs et 60 francs.

On conviendra aussi que les frais de surveillance et
de direction, calculés actuellement à raison de 70 francs
de l'hectare, sont un minimum au-dessous duquel on
ne saurait descendre.

Les façons culturales préparatoires et les semailles
comportent au total trente journées et demie de cheval
et douze journées d'homme, dont les prix sont passés
de 4 francs à 14 francs et de 3 francs à 13 francs : soit
au total 583 francs.

Pour le fumier, il faut mettre au compte du chanvre
les deux tiers d'une fumure de 35.000 kilogrammes à
35 francs la tonne, soit 815 francs (à ce prix, le fumier
ne fait même pas ressortir le prix de la paille).

Les engrais azotés doivent être comptés, pour la
totalité à raison de 100 kilogrammes de nitrate de
soude par hectare et de 100 kilogrammes de sulfate
d'ammoniaque, ces engrais étant estimés à 110 francs

le quintal. En ajoutant ensuite les deux tiers de la fumure phosphatée à raison de 600 kilogrammes de superphosphate à l'hectare et de la fumure potassique à raison de 200 kilogrammes de chlorure de potassium comptés respectivement à 21 francs et 60 francs, on arrive à un total de 384 francs d'engrais complémentaires.

La graine est payée en moyenne 750 francs le quintal; à 80 kilogrammes par hectare, c'est une dépense de 600 francs.

Pour l'arrachage, le transport, le rouissage, le séchage, la mise en meules, le passage au four, le broyage, le teillage, le transport et la livraison, il faut compter seize journées de cheval et soixante-neuf journées d'homme, soit 1121 francs ainsi que 12 hectolitres de coke à 11 francs (soit 2 hectolitres de coke par 1000 poignées).

La récapitulation des frais peut donc s'établir ainsi par hectare :

	1924	1914
Fermage	200 francs.	80 francs.
Impôts	22 —	9 —
Intérêts du capital d'exploit...	165 —	28 —
Frais généraux	232 —	32 —
Fumier rendu et épandu	815 —	120 —
Engrais complémentaires	384 —	108 —
Graines	600 —	60 —
Main-d'œuvre et attelages	1.704 —	429 —
Coke	132 —	30 —
Totaux	4.254 francs.	896 francs.

Tel est aujourd'hui le bilan d'une culture qui a fait la richesse du pays et dont les étendues diminuent chaque année, par suite de la variation des prix, des difficultés de main-d'œuvre et de l'insécurité dans laquelle se trouve le cultivateur au sujet du rouissage.

FRAIS SUPPLÉMENTAIRES
DE LA RÉCOLTE DES GRAINES

Dans la majeure partie des cas, la graine n'étant pas récoltée nous ne l'avons pas fait intervenir dans l'établissement des dépenses. Le cas échéant, il y aurait lieu de compter dix journées d'homme supplémentaires et deux journées et demie de cheval soit 165 francs. Il faudrait également faire intervenir la dépréciation subie par la filasse. Lorsqu'on procède, en effet, à l'arrachage en une seule fois, et c'est le cas le plus fréquent, la filasse des pieds mâles est trop mûre ; elle est moins résistante et fournit un important déchet, au teillage et au peignage. Cette dépréciation qui peut être comptée pour un dixième est, il est vrai, largement compensée par la vente de 1 à 3 quintaux de chènevis.

Il y a lieu de noter que les primes accordées à la culture du chanvre, et qui s'élevaient à 60 francs par hectare, ont été supprimées en 1922.

Note sur le Rouissage.

LE ROUISSAGE ET LES POUVOIRS PUBLICS

Chaque année, à l'époque du rouissage, les pouvoirs publics sont saisis de demandes diverses émanant des riverains ou des Sociétés de pêcheurs, tendant à faire interdire le rouissage en rivière.

Déjà en 1921, à la suite de la sécheresse, le rouissage dans les cours d'eau fut interdit par arrêté préfectoral dans le département de la Sarthe. Les années suivantes, il fut de nouveau autorisé, pendant les périodes habituelles.

Une commission, nommée par le Préfet, a été chargée d'étudier spécialement la question du rouissage, pour rechercher le moyen de faire disparaître les inconvénients que cause à l'hygiène publique le rouissage en rivière.

D'après l'enquête faite dans les différents départements, le rouissage a été interdit dans le *Morbihan* et dans la *Mayenne*. Dans la Mayenne notamment cette mesure n'a soulevé aucune récrimination en raison du peu d'importance de cette culture.

Dans le *Maine-et-Loire,* où l'on cultive encore près d'un millier d'hectares de chanvre, il n'a pas été pris de mesures pouvant entraver le rouissage.

Dans la *Loire-Inférieure*, le rouissage est l'objet
d'une réglementation. Il est autorisé du 15 juillet au
15 octobre, dans lé lit de la Loire, sous réserve d'une
autorisation accordée par le Service des Ponts et
Chaussées qui fixe le lieu où le rouissage sera effectué ;
du 15 août au 30 septembre, dans tous les cours d'eau
du département, les canaux de navigation exceptés.

Le rouissage est formellement interdit dans tous
les faux-bras de la Loire, ainsi que dans les mares,
étangs, flaques d'eau, rivières ou ruisseaux où l'eau est
stagnante et ne se renouvelle pas.

L'établissement de grands routoirs permanents est
assujetti aux formalités prescrites pour les ateliers
insalubres.

Les fermiers de la pêche peuvent exercer un recours
en indemnités contre les contrevenants lorsque le rouissage a nui grandement aux poissons.

En *Indre-et-Loire* (fig. 23) le rouissage ne peut avoir
lieu que du 15 août au 20 octobre, dans les endroits
autorisés.

Dans la *Sarthe*, le rouissage en rivière est autorisé
du 15 août au 15 octobre. Un vœu du Comité départemental d'Hygiène tend à ce que l'arrêté autorisant
le rouissage en rivière soit définitivement rapporté.

Une Commission d'études, après avoir tenu plusieurs
réunions, n'a pu prendre en considération les procédés
de rouissage industriel, en raison des résultats néga-
tifs donnés par des essais partiels.

Le rouissage du chanvre préalablement séché et
débarrassé de ses feuilles n'a pas été non plus retenu.
Le séchage sur place, dans nos pays de l'Ouest, serait
particulièrement aléatoire par les années humides et
les frais de main-d'œuvre supplémentaires qui en

résultent contribueraient à augmenter les frais culturaux déjà très lourds.

La Commission a cru cependant devoir retenir un

Fig. 23. — La mise à l'eau dans la Loire.
(Vue prise au Pont de Langeais.) Cliché J.-B. Martin (I.-et-L.).

projet de routoir filtrant, établi par M. Marchadier,
Directeur du Laboratoire Municipal du Mans et a adopté
ses conclusions, résumées ci-dessous :

« Les lois et règlements en vigueur interdisent le
jet dans les rivières de tous produits susceptibles de
souiller l'eau et de nuire à la vie des poissons. »

Le rouissage du chanvre dans les divers cours d'eau

se trouve de ce fait em-
pêché et ne peut avoir lieu
que par simple tolérance.

Le cultivateur de chan-
vre se trouve ainsi à la
merci de cette tolérance
et ne sait pas à l'avance
s'il pourra rouir, dans le
ruisseau qui alimente sa
région, la récolte qui lui
a coûté tant de soins.

**Or, le rouissage en
eau courante est le seul
susceptible de fournir
une filasse possédant le
maximum de blancheur
et de solidité.**

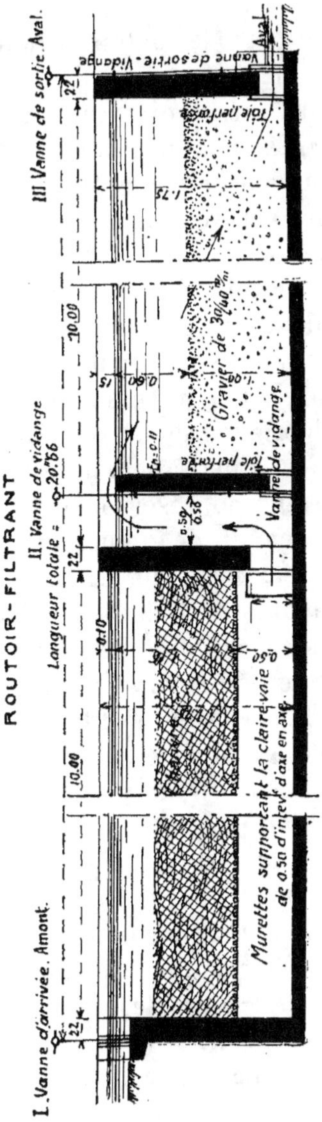

L'étude d'un procédé de
remplacement du rouis-
sage du chanvre en rivière
doit donc tenir compte
avant tout de cette considération, et c'est pour
l'avoir méconnue que tous
les procédés industriels
mis en œuvre jusqu'à ce
jour ont échoué.

J'estime cependant que
le rouissage du chanvre
en eau courante peut être
réalisé autrement que
dans les rivières, par le simple emploi du routoir filtrant à eau courante.

ROUTOIR-FILTRANT

Fig. 24. — Type de routoir filtrant.

J'ai conçu le routoir filtrant à eau courante (fig. 24) de la façon suivante :

Deux réservoirs jumelés, creusés dans le sol et traversés par de l'eau courante prélevée à un cours d'eau quelconque, à un endroit choisi de façon à jouir d'une dénivellation de $1^m,50$ sur un parcours de 20 mètres.

Le premier de ces réservoirs est muni d'une grille parallèle au fond, à cinquante centimètres au-dessus de ce dernier; grille sur laquelle doit reposer le chanvre et à travers laquelle doivent s'échapper tous les débris lourds du rouissage.

Ce premier réservoir est le routoir proprement dit.

Le second réservoir est, jusqu'à une certaine hauteur, rempli de gravier que l'eau courante, venant du premier, est obligée de traverser et sur lequel elle abandonnera tous les débris légers provenant du rouissage et dont elle s'est chargée.

Ce second réservoir représente le filtre.

A la sortie de ce filtre, l'eau parfaitement épurée regagnera la rivière tandis que resteront;

1° Dans le fond du routoir : les boues lourdes du rouissage ;

2° A la surface du gravier : les boues légères présentant les unes et les autres une composition voisine de celle du fumier de ferme et susceptibles par conséquent d'être utilisées comme engrais par le cultivateur.

L'Office agricole a fait autour de ce projet toute la propagande voulue et a réservé un crédit de 6.000 francs pour l'établissement d'un routoir. Malheureusement devant la diminution constante des étendues cultivées en chanvre, aucun propriétaire n'a été désireux de contribuer à une telle installation.

Pour nous, l'idée des bassins filtrants paraîtrait une solution excellente si ce n'était la dépense d'installation fort élevée et nous nous demandons si **chaque fois que la situation de la ferme le permet,** on ne pourrait pas généraliser, tout en l'améliorant, le procédé de rouissage à eau dormante. Il suffirait d'agrandir les mares et en retenir les berges par une maçonnerie appropriée.

DIMENSION DES ROUTOIRS

La période de rouissage la plus active va du 5 au 20 septembre et, dans une commune chanvrière où l'on cultive de 80 à 100 hectares de chanvre, il n'est pas rare de voir conduire simultanément à la rivière la production de 10 à 15 hectares. Une tuilée de 75 douzaines représente 20 mètres cubes; 450 douzaines ou la production d'un hectare représentent donc 120 mètres cubes. Dans ces conditions le seul routoir proprement dit devrait avoir un volume de 1.200 à 1.800 mètres cubes. Sa profondeur maxima devant être de 2 mètres tout au plus, pour la bonne conduite du rouissage, il faudrait au moins prévoir un bassin de 60 mètres de long sur 10 mètres de large, sans compter l'espace qu'il y a lieu de réserver entre chaque tuilée et qui ne saurait être inférieur à $0^m,20$.

Si en pratique le rouissage se poursuit du 20 août au 10 octobre, on ne saurait songer à échelonner régulièrement la récolte. Il faut arracher le chanvre quand il est « à point ». L'arrachage prématuré provoque une perte de poids. L'arrachage tardif, une diminution de la qualité,

Il en résulte que si l'on ne pratiquait point le rouissage en rivière il faudrait compter en moyenne 45 mètres cubes de routoir par hectare de chanvre afin de pouvoir monter simultanément deux tuilées. De cette façon la période active du rouissage pourrait s'échelonner sur une durée de 15 à 20 jours.

LE ROUISSAGE VU PAR LES SAVANTS

Le rouissage a pour but de détruire le ciment pectique qui agglutine les fibres ou les faisceaux de fibres de chanvre. Cette destruction est l'œuvre de diverses moisissures ou bacilles dont le plus actif est le « bacillus amylobacter ».

Les savants, les médecins notamment, ont toujours considéré le rouissage comme un danger pour la salubrité des villes et des campagnes. La Société de Médecine du Mans et le Conseil départemental d'hygiène ont constamment protesté contre le rouissage en rivière. A une époque où, pendant deux mois, la Sarthe roulait une eau noire et nauséabonde, et qu'il était cultivé près de 10.000 hectares de chanvre dans le département, la Société de médecine en demandait la suppression, alors que le Comité d'hygiène ne le tolérait qu'à la condition de rendre obligatoire l'érussage des feuilles avant l'immersion.

En 1852, une mortalité importante se produisit dans le sud du département.

L'opinion publique vit dans le rouissage la cause du mal, mais il fut reconnu qu'il n'y existait aucune maladie épidémique.

L'augmentation de la mortalité tenait à des causes endémiques,... telles qu'eaux stagnantes rendues plus dangereuses par le rouissage du chanvre, écrivirent les médecins.

Il y eut déjà à cette époque des tentatives pour répandre les routoirs hygiéniques et des prix furent accordés aux propriétaires de routoirs les mieux conditionnés.

Les subventions furent supprimées en 1874 et, depuis, le nombre de routoirs aménagés ne s'est plus accru.

Par le rouissage, le manchon de gommes et mucilages qui emprisonne la fibre est détruit.

Ce manchon qui est très résistant, est composé :

1° de *Cannabène*, hydrocarbure de la série camphénique ;

2° de *Cannabine*, alcaloïde pouvant s'unir aux alcalis tels que la soude et la potasse ;

3° de *Pectose*, qui sous l'influence de la fermentation et d'une diastase (la pectase) se transforme en pectine, matière gélatineuse que l'on reconnaît aisément à la fin du rouissage.

Indépendamment de ces trois corps principaux, il existe des matières gommeuses diverses, susceptibles d'être désagrégées par l'eau chaude.

C'est à la suite de la connaissance des propriétés de ces divers corps que furent préconisés différents procédés de rouissage dits industriels, chimiques ou artificiels.

ROUISSAGE NATUREL OU AGRICOLE

Le routoir (fig. 25) reste pour l'agriculteur un élément indispensable au succès du rouissage.

Dès l'instant où le chanvre est immergé, des ferments oxydants fixent sur les éléments à détruire l'oxygène contenu dans l'eau.

Si les conditions atmosphériques sont favorables, le travail des ferments est tellement intense que l'eau se

Fig. 25. — Un routoir (Bord du Vieux Cher).
Cliché J.-B. Martin (I.-et-L.).

trouve entièrement dépourvue d'oxygène. C'est ce qui explique comment, par certaines années de sécheresse où l'eau est peu abondante, les poissons meurent par asphyxie.

« Cette fixation d'oxygène qui a des conséquences si funestes pour les poissons est au contraire un événement heureux pour l'amylobacter, bactérie anaérobie qui est l'agent le plus actif de la libération des fibres du chanvre et qui précisément ne peut vivre et profiter que dans un milieu à peu près privé d'oxygène[1].

Cette bactérie qui, en temps ordinaire, vit dans la terre à une certaine profondeur, est apportée par les racines du chanvre lui-même qui s'enfoncent assez profondément dans le sol et dans l'intérieur desquelles les colonies de l'amylobacter viennent se développer.

C'est pourquoi le chanvre est arraché et non coupé. L'absence de racines priverait le chanvre du facteur le plus important de son rouissage. Cette raison explique aussi le temps plus long qui est nécessaire **pour rouir le chanvre sec**. En effet, l'activité des ferments est diminuée par la dessiccation et les bactéries anaérobies, exposées à l'air pendant le séchage, sont mortes en majeure partie.

L'expérience a prouvé que les tiges de chanvre, mises à l'eau après séchage préalable ne répandent que très peu d'odeur et ne sont plus, pour le poisson, une cause d'empoisonnement grave. Le résultat est encore beaucoup plus satisfaisant lorsqu'on a pu enlever les feuilles. Mais il est certain que le chanvre ainsi séché avant rouissage a presque toujours l'inconvénient, dans nos contrées, de donner une fibre moins blanche. Cependant la qualité ne s'en trouve pas notablement diminuée, si l'on a pris soin d'éviter l'échauffement des tiges pendant la période d'attente et pourvu que le broyage et le teillage soient ensuite effectués soigneusement. A notre avis ce procédé n'est à retenir que par les années sèches où, par suite du manque d'eau, le rouissage en rivière aura été interdit.

---

1. *Le rouissage du chanvre*, par M. Marchadier, Directeur du laboratoire municipal du Mans.

Quant au **rouissage au pré du chanvre sec,** en hiver il n'est pas à retenir ; même dans les pays où la neige est abondante il donne toujours des filasses plus ou moins piquées. Aussi l'administration de la Marine spécifiait-elle que les filasses de cette origine ne devaient jamais entrer dans la fabrication de ses cordages et de ses voiles.

ROUISSAGE ARTIFICIEL OU INDUSTRIEL

De nombreuses méthodes ont été préconisées (rouissage microbien : Rossi, Kayser ; rouissage mécanique, rouissage chimique). Aucune d'entre elles jusqu'à ce jour n'est pratiquement applicable au chanvre. Elles se heurtent toutes aux difficultés qui proviennent de l'importance de la masse à traiter ou des difficultés que l'on rencontre pour sécher le chanvre au moment de la récolte dans les pays humides.

Si l'on dégage les différents problèmes que soulève le rouissage à l'usine, il y a lieu de considérer les points suivants :

1° Peut-on obtenir à l'usine une filasse ayant toutes les qualités marchandes de celle obtenue par le rouissage en rivière ?

2° Il ne suffit pas que le rouissage à l'usine soit techniquement possible, mais il doit l'être.pratiquement et économiquement.

Ceci suppose une installation considérable.

Le travail à l'usine nécessiterait en effet des manutentions nombreuses et tout au moins deux opérations aussi importantes que le rouissage lui-même : le séchage artificiel et le broyage.

Ces deux opérations se poursuivent industriellement

avec succès pour le lin, mais il n'en est pas encore de même pour le chanvre où la masse à traiter est 10 fois plus volumineuse.

C'est pourquoi il faut accepter avec une extrême prudence les comptes rendus des essais effectués à ce sujet.

Témoins ceux qui ont eu lieu dans la Sarthe en 1911 et pour lesquels on déclara solennellement :

1° Que le rouissage du chanvre au moyen du procédé Rossi est possible ;

2° Que ce rouissage est avantageux au triple point de vue de l'agriculture, de l'industrie et de l'hygiène.

Une usine construite en vue d'appliquer industriellement ce procédé dut se borner à traiter du lin et il en a été de même pour toutes les tentatives qui, à notre connaissance, ont été faites dans ce sens.

PROCÉDÉS MICROBIOLOGIQUES. — Les procédés Rossi et Kayser rentrent dans cette catégorie. Le rouissage a lieu à une température déterminée, dans des bassins aménagés et ensemencés de bacilles actifs.

Théoriquement le rouissage peut être effectué en moins de deux ou trois jours.

PROCÉDÉS MÉCANIQUES. — Ils consistent à libérer directement la fibre par broyage. Les applications en furent d'une façon générale, peu satisfaisantes et sont passées dans l'oubli.

PROCÉDÉS CHIMIQUES. — Ils sont basés sur l'action désagrégeante de l'eau bouillante ou de certains produits chimiques. Des immersions successives et des lavages sont ordinairement nécessaires. En laboratoire l'opération est rapide, quelques heures tout au plus, mais les difficultés signalées précédemment n'en restent pas moins presque insurmontables.

Pour ces raisons, les conclusions adoptées par la commission départementale du rouissage de la Sarthe conservent toute leur valeur.

LE ROUISSAGE VU PAR LES AGRICULTEURS

L'opinion des milieux agricoles, amplement justifiée d'ailleurs, ne saurait mieux être exprimée que par la reproduction d'un vœu émis par une association agricole du département.

« Attendu que le rouissage industriel n'a, quant à présent, pas fait ses preuves, mais a au contraire désillusionné ses plus chauds partisans qui sont les cultivateurs, ainsi qu'en attestent les échecs subis dans leurs tentatives par les diverses sociétés créées à cet effet et disparues, en fait, assez rapidement.

Qu'il convient donc de conserver et maintenir énergiquement jusqu'à plus ample informé, les vieux procédés de rouissage en rivière.

Que ceci expliqué, il est superflu de dire que, supprimer ce mode de rouissage, c'est supprimer de suite la culture du chanvre déjà très atteinte.

Que cette suppression aurait une répercussion immédiate sur les finances du pays en augmentant les importations du chanvre que nous étions déjà obligés de faire avant guerre.

Que pour la même raison il y a lieu de retenir aussi (ce que personne ne conteste) que la suppression de la culture du chanvre amènerait une diminution notable dans le rendement de la culture du blé.

Que si les producteurs de chanvre se sentent directement visés, leurs ouvriers agricoles ont tout aussi à redouter de pareilles éventualités, la campagne du chanvre (rouissage et broyage) représentant le plus clair de leurs gains d'arrière et de morte-saison.

Que leur enlever ces gains serait un moyen très sûr de contribuer encore au dépeuplement de nos campagnes.

Que pour ce qui touche la question hygiène, il n'est nullement établi que le rouissage ait jamais provoqué des maladies et encore moins des épidémies.

Que l'administration préfectorale a, du reste, toujours veillé soigneusement aux mesures à prendre par les années d'exceptionnelle sécheresse.

Que certaines usines répandent constamment des odeurs bien plus incommodantes que celles provenant du rouissage, qui ne dure que quelques semaines, et qu'elles écoulent fréquemment dans les cours d'eau des produits insuffisamment neutralisés ou purifiés.

Qu'il est faux de dire que le rouissage seul dépeuple les rivières, alors que le braconnage et la pêche en temps prohibé en sont les plus fortes causes.

Qu'au surplus la pêche à la ligne n'est pas une industrie au même titre que la culture du chanvre, mais un plaisir qui n'est jamais troublé que partiellement et qui, dans de nombreux cas, n'est possible que grâce à la bienveillance des riverains.

Qu'en résumé ces opérations de rouissage (pénibles bien au-delà de ce que se l'imaginent les citadins) sont la base même d'une industrie nécessaire et profitable au pays.

Et que supprimer la culture du chanvre dans le département de la Sarthe, c'est priver la France de la moitié de sa production qui n'existe que dans le Maine et dans l'Anjou.

Est d'avis, à l'unanimité des membres présents :

De solliciter instamment de la clairvoyance du Conseil général et de celle de M. le Préfet, le maintien du rouissage en rivière dont l'interdiction, dans certains départements, a déjà réduit dans une proportion inquiétante la culture du chanvre »

Une intervention des pouvoirs publics en vue d'assurer aux agriculteurs un libre usage des cours d'eaux pour le rouissage, sauf bien entendu dans le cas de circonstances exceptionnelles, serait particulièrement opportune et répondrait entièrement à leur désir.

Il ne faut pas oublier que la culture du chanvre est la plus dispendieuse et la plus aléatoire. Si actuellement, elle laisse un large bénéfice, c'est au prix d'un labeur insoupçonné.

Nous qui assistons chaque jour à l'effort considérable fourni par les agriculteurs et qui avec eux envisageons le problème angoissant de la main-d'œuvre, nous restons malgré tout attachés à la culture du chanvre.

Dans ce beau département de la Sarthe, si accueillant à « l'étranger au pays », on aime la culture du chanvre, en ce sens qu'elle est éminemment Sarthoise et qu'elle est le privilège d'une élite de cultivateurs ; elle élimine d'elle-même les médiocres et prépare les plus belles moissons.

En conservant un débouché avantageux à la culture du chanvre, on dispose d'un moyen puissant pour retenir à la terre l'ouvrier habile et courageux. S'il est assuré de bien vendre « le cent de filasse », il calculera qu'en quelques années il pourra payer le « petit bordage » ou le champ qu'il convoite. Le crédit agricole lui aidant, il sera le petit propriétaire de demain, et la pensée de quitter son village ne l'importunera plus.

Peut-on supprimer le rouissage?

FICELLES DE CHANVRE[1]

Depuis plus d'un siècle, on a cherché le moyen d'éviter le rouissage par des traitements chimiques et physiques; ces derniers ne sont pas passés dans la pratique.

Cependant on peut très bien obtenir de la filasse de chanvre sans rouissage; évidemment cette filasse brute ne peut servir qu'à faire des cordes et de la ficelle pour moissonneuses-lieuses, mais aussi, après lavages ou divers traitements très simples, on peut améliorer cette filasse brute et obtenir un produit identique à celui provenant du chanvre roui dans l'eau. Il en est de même pour le lin, et certainement pour d'autres fibres.

La seule difficulté est de traiter des tiges bien sèches afin que la chènevotte soit cassante; la récolte peut être mise dans un magasin ayant des lames de persiennes disposées comme celles des séchoirs des lavoirs et des tanneries, afin que le vent, quelle que soit sa direction, produise un courant d'air continu activant la dessiccation; puis, avant le travail, il convient de

1. *Ficelles de chanvre*, par Max Ringelmann. (Journal d'Agriculture pratique.)

mettre pendant quelques jours les bottes à sécher complètement dans une chambre chauffée, mais non dans un four.

Le comte Edouard de Dreux-Brézé, demeurant aux Rosiers, par Nemours (Seine - et - Marne), s'occupe depuis très longtemps de la question ; il cultive chaque année une petite étendue de chanvre pour ses expériences et pour ses recherches sur une machine à bras qu'il a perfectionnée et rendue pratique. J'ai eu l'occasion de voir la machine aux Rosiers il y a deux ans, d'examiner les produits obtenus et enfin de procéder récemment à quelques constatations à la Station d'Essais de Machines ; la machine qu'il appelle « Breilleuse », a figuré cette année au 3e salon de la Machine agricole et à la Foire de Paris.

En 1922, 10 ares de chanvre ont été cultivés aux Rosiers sur une terre sablonneuse, n'ayant pas reçu de fumier depuis 20 à 30 ans. Le labour a été exécuté avec une charrue à un cheval. On a employé 1.500 kilogrammes d'engrais Grandeau par hectare, dont la composition était, par 100 kilogrammes : 30 kilogrammes de sylvinite à 20 %, 24 kilogrammes de nitrate à 15 % et 42 kilogrammes de superphosphate à 15 %. L'engrais a été enterré à la herse.

Le chanvre a été semé fin avril à la volée, avant un hersage. Il ne reçut aucun sarclage ou autre façon ; bien que très exposées à l'action du vent, les tiges ont poussé très droit. En septembre, les pieds mâles ont été arrachés dès qu'ils étaient devenus jaunes ; les pieds femelles ont été récoltés deux à trois semaines plus tard, après maturité des graines, mais ces dernières ont été presque toutes consommées par les oiseaux du voisinage.

Fig. 26. — Breilleuse à chanvre du comte Edouard de Dreux-Brézé.

Le chanvre a atteint une hauteur de 3^m à 3^m,50 et le poids a été estimé à 3.000 kilogrammes pour la récolte à moitié sèche, représentant probablement

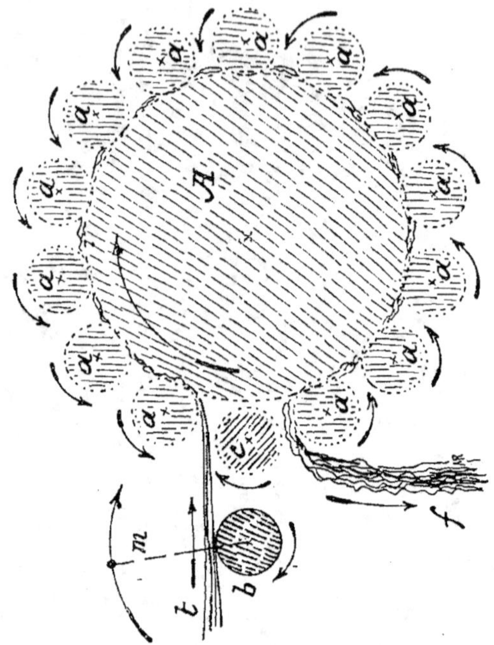

Fig. 27. — Principe de la Breilleuse.

2.000 kilogrammes à l'état suffisamment sec pour être passés à la machine.

La vue d'ensemble de la machine Dreux-Brézé est donnée par la figure 26.

Un tambour cylindrique A (fig. 27 et 28) à axe horizontal, a son aire latérale en charme, portant des dents à section triangulaire ; ces dents entraînent treize petits cylindres a, également en charme et ayant la même denture que le tambour ; ces cylindres sont

appuyés sur le tambour par leurs axes dont les cous-
sinets mobiles sont déplacés par une corde à laquelle
on attache un poids (10 à 15 kilogrammes de chaque
côté). Une manivelle *m* (ou une poulie dans le cas
d'une machine mue par courroie) montée sur un
arbre garni d'un cylindre lisse *b*, commande, par
pignon, chaîne et roue, le tambour A précité et, par

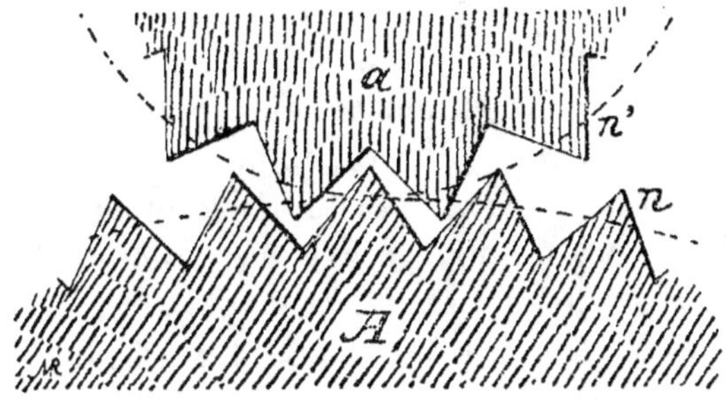

Fig. 28. — Denture du tambour et des cylindres.

une autre roue à chaîne, un cylindre cannelé *e*, écarté
du tambour A destiné à détacher les fibres *f* de ce
dernier.

Dans le modèle à bras (fig. 30), le tambour A a $0^m,33$
de diamètre et $0^m,24$ de génératrice, les cylindres *a*
ont un diamètre de $0^m,075$. Les dents, *n*, *n'* (fig. 28)
ont les dimensions suivantes : écartement des arêtes
$0^m,010$, hauteur $0^m,06$ à $0^m,07$. Il faut faire faire près
de 6 tours et demi à la manivelle pour que le tambour
en fasse un.

Il existe un autre modèle dans lequel le tambour et
les cylindres cannelés sont en fonte.

Le travail s'effectue de la façon suivante :

Un certain nombre de tiges *t* (fig. 27), un peu écar-
tées les unes des autres, pour éviter de brouiller les

fibres, sont d'abord présentées la pointe la première (on a épointé les tiges en les coupant de 10 à 15 centimètres, comme on a enlevé les racines en les coupant un peu au-dessus du collet); après sa sortie de la machine, on reprend le produit *f* pour un second passage qu'on engrène le pied le premier; on effectue ainsi sur la même poignée trois ou quatre passages suivant l'état de dessiccation des tiges dont la chènevotte doit tomber en secouant la poignée de filasse. On peut assouplir et affiner cette dernière et la passer au peigne, au séran, plus ou moins fin.

La chènevotte est utilisée comme combustible.

Voici le résumé d'une de mes constatations effectuées avec des personnes non habituées au travail : 209 tiges de chanvre du poids de 3 kgs. 600, longues de $2^m,70$ à $3^m,17$, pèsent 3.012 grammes après enlèvement de la pointe et des pieds.

Le broyage a été exécuté sur 31 poignées comprenant chacune de 4 à 11 tiges, suivant leur grosseur (6 tiges en moyenne).

On a fait subir à chaque poignée de 3 à 6 passages, suivant la grosseur des tiges et leur état de dessiccation (en moyenne 3 à 4 passages).

Il a fallu 22 à 26 secondes pour un passage (moyenne 24 secondes). Suivant la longueur des tiges, chaque passage nécessite 13 à 20 tours de manivelle.

Pour broyer les 3 kgs. de tiges de chanvre, on a employé 32 minutes utiles au travail et 8 minutes pour les manutentions de tiges et de filasse, soit au total 40 minutes.

En travail courant, une personne habituée doit pouvoir broyer facilement plus de 4 kgs. de tiges à l'heure. Le débit serait plus grand avec deux personnes dont l'une tournerait la manivelle et l'autre alimenterait la machine avec des poignées de 8 à 10 tiges, en augmentant les poids assurant la pression des cylindres contre le tambour central.

On a procédé ensuite au lissage de la filasse brute pour la débarrasser complètement de la chènevotte, en employant un procédé très imparfait; l'opération effectuée sur la filasse brute fournie par la breilleuse a demandé 13 minutes, plus 4 minutes de temps perdu, soit 17 minutes, et l'on a eu 432 grammes de filasse lissée et 232 grammes d'étoupes contenant un peu de chènevotte. Sur les 3.012 grammes de tiges, on a obtenu ainsi 15 °/₀ du poids en filasse affinée par un procédé à améliorer, car on doit retirer de 100 kgs. de tiges sèches, 25 à 30 kgs. de filasse brute donnant de 17 à 20 kgs. de filasse affinée, peignée ou sérancée.

Le travail du chanvre peut se faire à toute période de l'année et conviendrait surtout aux petites exploitations.

La culture du chanvre pourrait reprendre à la condition de ne pas faire de rouissage. Il serait peut-être possible de louer à bas prix la machine de Dreux-Brézé aux petits agriculteurs qui travailleraient à temps perdu leur récolte de chanvre, et de leur acheter la filasse brute ou peignée; on réunirait ainsi des lots assez importants pour les passer aux filateurs.

Pour les moissonneuses-lieuses, les ficelles de chanvre sont équivalentes, sinon supérieures à celles confectionnées avec des fibres américaines; il en résulte que l'emploi des ficelles de chanvre pourrait mettre la culture à l'abri des prix exagérés imposés par certains fournisseurs de ficelles.

TABLE DES FIGURES

TABLE DES MATIÈRES

Renseignements Généraux.

La culture du chanvre dans la Sarthe.

Traitement du chanvre après l'arrachage.

Frais de production.

Note sur le rouissage.

Typographie Firmin-Didot et Cⁱᵉ. — Mesnil (Eure). — 1925.